MANHUA DIREZIYUAN

漫话地热资源

欧阳波罗　肖立权　刘声凯 ◎ 编著

湖南省水文地质环境地质调查监测所
湖南省地质学会水工环地质专业委员会

中南大學出版社
www.csupress.com.cn
·长沙·

图书在版编目(CIP)数据

漫话地热资源／欧阳波罗，肖立权，刘声凯编著.
—长沙：中南大学出版社，2023.12
ISBN 978-7-5487-5674-3

Ⅰ.①漫… Ⅱ.①欧… ②肖… ③刘… Ⅲ.①地热能—资源开发—普及读物 Ⅳ.①P314-49

中国国家版本馆CIP数据核字(2023)第244831号

漫话地热资源

欧阳波罗　肖立权　刘声凯　编著

□责任编辑　刘小沛
□插画绘制　宋乐平
□封面设计　李芳丽
□责任印制　唐　曦
□出版发行　中南大学出版社
社址：长沙市麓山南路　邮编：410083
发行科电话：0731-88876770　传真：0731-88710482
□印　　装　湖南鑫成印刷有限公司

□开　　本　880 mm×1230 mm　1/32　□印张 1　□字数 28 千字
□互联网+图书　二维码内容　视频 4 分钟 57 秒
□版　　次　2023 年 12 月第 1 版　□印次 2023 年 12 月第 1 次印刷
□书　　号　ISBN 978-7-5487-5674-3
□定　　价　28.00 元

目录

引言

随着全球人口和经济的增长，当前人类面临着越来越严峻的能源紧缺和环境污染问题。地热能作为一种古老的能源，在国际上越来越受到重视。与传统的化石能源相比，地热能在使用时不需要进行燃烧或化学反应，也不会排放二氧化碳等温室气体，而且它的储量巨大。因此，地热能被认为是一种可再生的清洁能源。据统计，全球地热能总能量约 1×10^{23} J，可供全人类使用 23 亿年。

0.1　有温度的地球

人类生活的地球是一个庞大的热库，内部蕴藏着巨大的热能（图 0–1）。地球形成伊始，就像一团燃烧的火焰，经历了漫长的 45 亿年后，地球的表面慢慢冷却下来，但内部的热量仍然不断地向大气层及太空中发散。目前研究认为地球内部的热量主要有两种来源：一种来自地球本身的重力位能转化；另一种是地球内部铀、钍、钾等放射性元素衰变形成的热量，这些热量聚集在地球内部并源源不断向地表传递，形成了可供人类开发利用的地热能。按照储存方式可把地热能分为 5 种类型：热水型、蒸汽型、地压型、干热岩型、岩浆型。由于技术、成本等原因，目前人类开发利用的地热资源主要指前 2 种类型。

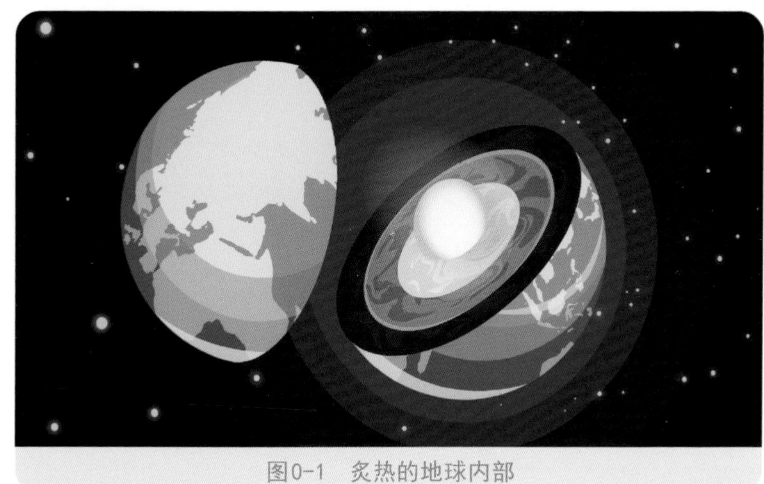

图0-1　炙热的地球内部

0.2　燃烧的火球

地球是一个半径约为 6371 km 的椭球体(图 0-2)，从中心至地表分别是地核(分为内核与外核)、地幔和地壳。地球中心至地下 2900 km 区域为地核，由固态和熔融态的铁和镍组成，温度 3700~6000 ℃；从地下 2900 km 至 80 km 区域为地幔，由富含铁

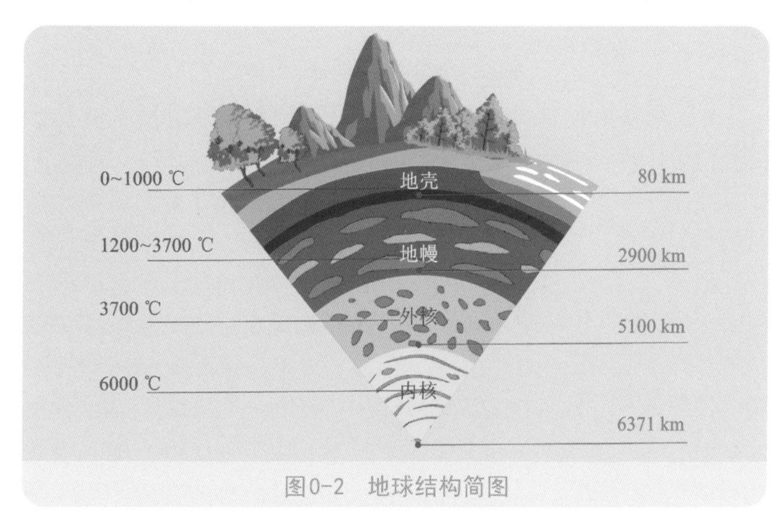

图0-2　地球结构简图

和镁的致密岩石组成，温度为 1200～3700 ℃；从地表到地下 70～80 km 区域为地壳，由富硅铝层和硅组成，是最薄的部分，温度为 0～1000 ℃（David，2021）。因此，地球内部随着深度的增加，温度越来越高，是一个名副其实的火球。

0.3 源源不断的热能

地核中心温度高达 6000 ℃，这些热量需要经过传递才能到达地表或者浅表形成地热资源。地球内部热传递方式有热传导、热对流和热辐射三种。热传导通常在固体中发生，是地壳中的主要传递方式。热对流是流体特有的一种传热方式，在地幔深处主要以热对流的方式传导。热辐射不需要借助任何传热介质，直接以电磁波向外直线发射传热(汪集旸等，2015)。

受地球内部结构及岩石导热性差异的影响，地球内部热量往地表传递的效果有所差异，热传递效果较好的地区就形成了热异常区，该区域地表通常有地热显示，表现为各种地热现象(图 0-3)。

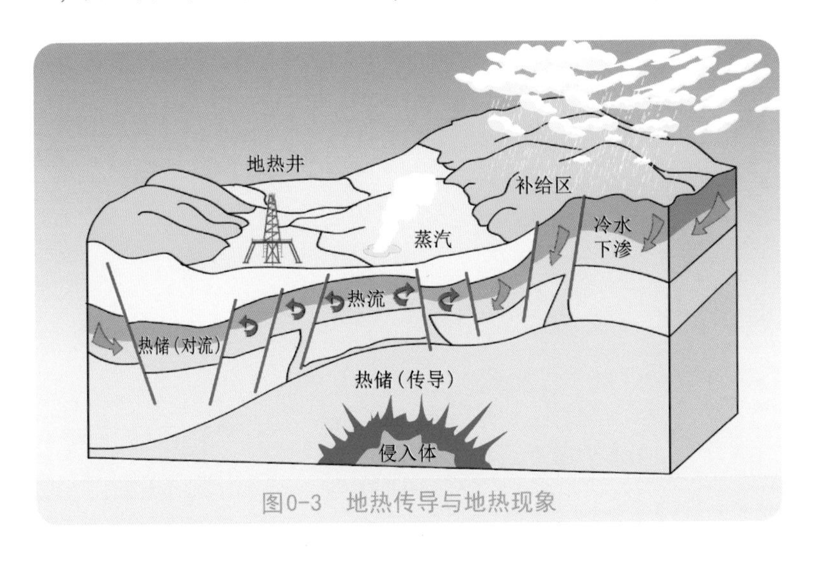

图0-3　地热传导与地热现象

第1章 神奇的地热景观

1.1 温泉、温热泉、热泉

温泉是地热的一种特殊传递形式，它既包括天然流出的温泉，又包括温泉井，也就是人工打井开采的地下热水。通常情况下将温度大于或等于 25 ℃且小于 40 ℃的称为温水；温度大于或等于 40 ℃且小于 60 ℃的称为温热水；温度大于或等于 60 ℃且小于 90 ℃的称为热水。有的温泉在特殊的地质条件下形成美丽的自然风景，如冰岛蓝湖温泉(图 1-1)，它拥有独特的蓝色湖水，湖水温度为 40 ℃左右。(郑克棪，2019)

图1-1　冰岛蓝湖温泉

1.2 沸泉、沸喷泉

温泉的温度达到当地水的沸点时，温泉就沸腾了。云南省腾冲县的“热海大滚锅”就是一处沸泉(图 1-2)，热水温度为 96.6 ℃，超过了当地水的沸点。西藏自治区那曲县谷露村当地海拔 4700 m，92 ℃的喷泉从石缝中喷射而出。

图1-2 云南腾冲“热海大滚锅”

1.3 蒸汽地面、硫黄地面、水热蚀变

有的温泉(地热)区地面热气蒸腾，如同蒸笼，称为蒸汽地面(图 1-3)；在火山区地面有硫黄气体冒出，并在地表砂土表面凝结成黄色硫黄微小晶体，形成硫黄地面；很多高温地热区地面，受热水冒出影响，地表岩石在高温水热条件下发生蚀变，形成红、黄、绿色等蚀变矿物质，称为水热蚀变。

图1-3　蒸汽地面

1.4　热泉华

地下热流和蒸汽在流动中，因温度和压力等条件发生变化，将溶解围岩的矿物质，在岩石裂隙或地面上形成不同色彩和形态的沉积物，称为热泉华（图 1-4）。最常见的热泉华有盐华、硫华、钙华、硅华及金属矿物等。我国吉林长白山天池温泉中，有黄色的硫华和褐红色氧化铁，西藏、云南等地温泉区也较常见。

图1-4　热泉华

1.5 喷气孔、硫质气孔

通常在火山区的地面，从一个小孔中“呼呼”地喷出高温蒸汽，并挟带着二氧化碳、硫化氢等气体，这种小孔称为喷气孔。有的喷气孔喷出硫化氢和硫质气体，在喷出口地面留下硫黄沉积，这种喷气孔称为硫质气孔(图 1-5)。

图1-5 硫质气孔

1.6 间歇喷泉

间歇喷泉的地下有一个腔室空间，当饱和或过热状态的地热流体积聚到一定液位时，汽化闪蒸的压力使腔室内的存水从孔口猛烈喷出，待压力消减后喷发停止，部分热水回流至地下腔室，再孕育下一次喷发。著名的美国黄石公园老忠实泉就是一个间歇喷泉，每 90 min 便喷发一次。

图1-6 黄石公园老忠实泉

1.7 水热爆炸

水热爆炸是水热型地热系统最强烈的地热活动，一般发生在高温水热区，饱和或过热状态的地热流体因突发性汽化闪蒸，体积急剧膨胀，沸泉口或沸喷泉口周围的土石连同热水和蒸汽瞬间发生爆炸，形成一个爆炸坑。我国西藏羊八井地热田(图 1-7)就多次发生过水热爆炸。

图1-7 羊八井地热田

第2章 地热资源的分布

2.1 全球地热资源

全球地热资源总量丰富，但在空间分布上极不平衡，其分布受板块构造控制，分为板块边缘地热资源与板块内部地热资源两个部分。

板块边缘地热资源出露位置与地震活动带及活火山带相互重叠，其热源与板块的扩张或消亡有直接关系。全球板缘地热资源划分为 4 个大的地热带：环太平洋地热带、地中海—喜马拉雅地热带、红海—亚丁湾—东非裂谷地热带（非洲板块东部，呈南北向分布）、大西洋地热带（图 2-1）。此类地热资源的热储温度一般大于 150 ℃。目前，世界上已经开发利用的高温地热田多集中于环太平洋地热带，热储温度一般在 250~300 ℃，最高超过 300 ℃。

板块内部地热资源是指远离各大板块边界的板内地壳隆起区——褶皱①山系、山间盆地，以及沉降区——中新生代沉积盆地内广泛发育的板内低温地热活动，同时包括少部分在板内热

---

① 褶皱：岩层在构造运动作用下，因受力而发生弯曲，一个弯曲称褶曲，如果发生的是一系列波状的弯曲变形，就叫褶皱。

点、热柱处形成的板内高温地热活动。板内地热活动热源受中新世[①]到第四纪[②]以来的喷发和岩浆侵入控制，按形成的大地构造环境，可分为断裂型和沉积盆地型。断裂型指沿地壳隆起区包括古老褶皱山系、山间盆地构造断裂带展布的、常呈条带状分布的温泉密集带，中国东南沿海地热资源属于此种类型。沉积盆地型广泛分布于世界各地，指沿地壳沉降区(主要为中新生代沉积盆地)基底[③]或盖层内构造断裂带展布的地热带或大型自流热水盆地，中国的华北盆地、四川盆地、江汉盆地均属此类。此类地热资源的热储温度一般相对较低。

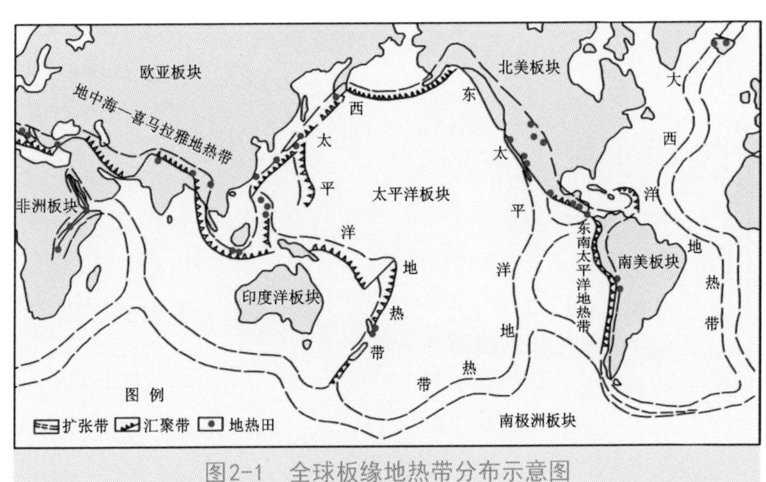

图2-1　全球板缘地热带分布示意图
（汪集旸等，2015）

① 中新世：新生代新近纪的第一个时期，开始于2300万年前到533万年前，介于渐新世与上新世之间。

② 第四纪：新生代最新的一个纪，包括更新世和全新世。一般认为开始于约260万年前，一直延续至今。

③ 基底：指经过褶皱、变质作用的结晶变质岩(变质岩为三大类岩石之一)。基底相对其上的沉积盖层而言，凡是被沉积岩层不整合覆盖的结晶变质岩系均可称为基底。

2.2 中国地热资源

据统计，我国包括温泉、热泉、沸泉、喷汽孔等在内的水热区共有 3000 余处。按发育位置分为山地温泉和盆地温泉。山地温泉主要集中在 4 个水热活动带上，其中藏南—川西—滇西水热活动密集带、台湾水热活动密集带为高温地热带，这两个水热活动带均位于板块交界处（分别为欧亚板块和印度洋板块交界，太平洋板块和菲律宾板块交界），表现为沸泉、热泉为主，是我国沸泉、热泉出露密集区；东南沿海地区和胶东半岛水热活动密集带均位于板块内部构造隆起区，为中低温地热带，水热活动强度相对较低，主要是以温泉和热泉出露为主。盆地温泉均位于板块内部构造沉降区，主要集中在我国东部和北部的二连盆地、华北盆地、松辽盆地、苏北盆地，中西部的四川盆地、鄂尔多斯盆地及西北部的塔里木盆地、柴达木盆地、准噶尔盆地等，地热显示以温泉、热泉以及热卤水①为主。（刘时彬，2005）

2.3 湖南省地热资源

湖南省地热资源分为湘西北、湘东北、湘中、湘东及湘东南等 5 个地热片区。其中地热异常、温（热）泉分布密度以湘东南最大，其次为湘西北，再次为湘中。总体上湘西北、湘东南地热片区的水温较湘中、湘东高，前者以温热水为主，温水次之；后者以温水为主，温热水次之。从温（热）泉的平均水温来看，湘西北区为 39.6 ℃、湘东北区为 33.5 ℃、湘中区为 32.8 ℃、湘东区为 30 ℃、湘东南区为 37.5 ℃。

全省低温地热资源共有 114 处，占全省地热资源的 98.3%，中温热水资源仅 2 处，占全省地热资源的 1.7%，目前没有发现高温热水点。在低温地热资源中，又以水温在 25～40 ℃的温水为主，共 81 处，占 69.8%；40～60 ℃的温热水共 32 处，占

---

① 卤水：高矿化度地下水，埋藏较深，具有高度封闭的特点。

27.6%；60~90 ℃的热水仅 1 处，占 0.9%。(龙西亭，2019)

以下介绍开发较好的两处温泉：灰汤温泉和汝城温泉。

2.3.1 灰汤温泉

灰汤温泉坐落于长沙市宁乡市灰汤镇，是中国三大著名高温复合温泉之一，灰汤温泉资源得天独厚，温泉水量丰富，水温高达 89.5 ℃，日供水 3500 t。

从 20 世纪 60 年代至今，宁乡市先后建成多座温泉山庄和度假村酒店，分别有灰汤紫龙湾温泉度假村、湘电灰汤温泉山庄、金太阳温泉度假村、灰汤华天城温泉度假酒店。现已建成灰汤温泉国际旅游度假区，据统计，2021 年度假区接待游客 180 万人次，旅游创收近 7.5 亿元。

图2-2　宁乡市灰汤温泉

2.3.2 汝城温泉

汝城温泉坐落在由住建部颁布的中国首批特色小镇——郴州市汝城县热水镇，享有华南养生第一泉的美称(图 2-3、图 2-4)，是湖南省水温最高、流量最大、水质最好、热田面积最大的天然温泉。热水水温一般为 91.5 ℃，最高达 98 ℃，温泉可开采资源量 5540 t/d。温泉水无色透明，为低矿化、低硬度、高温弱碱性重碳酸、硫酸-钠型氟及硅质矿泉水，含硅、钠、钾、钙、锶、硼、氟、氡等三十多种对人体有益的元素。汝城县现建有温泉山庄，山庄内拥有泡池 33 个，其中温泉池 24 个、冷水池 9 个，并设有 800 m^2 的室内温泉游泳池 1 个。

图2-3　民众在汝城热水河取水和洗涤

图2-4　汝城县热水镇出露的天然温泉

第3章 地热资源的勘查

地热资源有这么多用处，那么该如何寻找地热资源呢？

传统的地热勘查均在地热异常区开展，地热异常区通常在地表有温泉等较为常见的地热显示，地表地热资源水温或者水量难以满足需求时便需要开展地热勘查。地热勘查一般采用地热地质调查、地球化学勘查、地球物理勘查及地热钻探等工作手段。

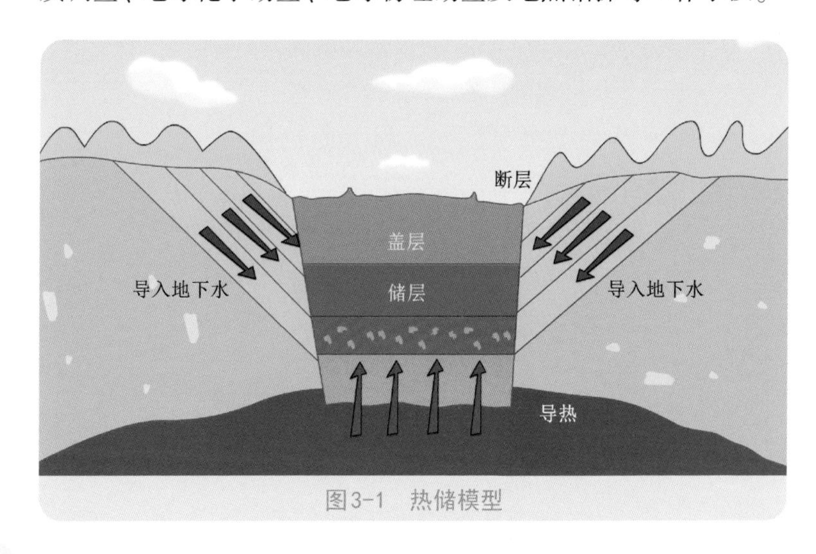

图3-1　热储模型

3.1　地热地质调查

开展地热地质调查(图 3-2)，目的是了解地热资源所处的地热地质背景，也就是要查明地热田的地层年代、岩性、岩浆岩的时代及其分布范围，地质构造特征以及地下水补给、径流和排泄等条件，圈定靶区范围，为进一步进行地热勘探提供依据。这一工作过程就像医生的诊断手段“望闻问切”，需要地质技术人员在工作中重点查明断裂与地热源的联系；查明地热显示标志与分布；查明温泉的水温、流量、水质和水化学特征。

图3-2　地热地质调查

3.2　地热地球化学勘查

地热地球化学勘查，是在地热资源勘查的最初调查阶段，对地表冷水、热泉水、喷气孔、冒汽地面的水汽样及岩石进行化学分析(图 3-3)，研究地热流体的化学成分及其富集、运移规律、成因机制等，以探讨地热的成因机理，这一过程就像医院里面的血液检

图3-3　地热地球化学勘查

查。在世界各国地球化学勘查中，广泛应用地热地球化学（包括同位素地球化学）方法圈定地热异常，寻找地热资源，探索地热流体来源、成因和年龄，研究化学沉淀（热泉华）、水热蚀变和成矿作用，以及用地球化学温标预测深部热储温度等。

3.3 地球物理勘查

地球物理勘查是采用地球物理方法，如电场、磁场、重力场测定、研究地热田及其外围区域的地球物理场特征，寻找地热资源。地球物理勘查能测得地表下 5~6 km 甚至更深处的地质数据（图 3-4），补充了地面调查对深部了解的不足。通过对地球物理异常的分析，圈定地热田和确定适宜开采地热流体的钻孔位置，这一工作过程类似医院里面的 CT、B 超、核磁共振等检测。

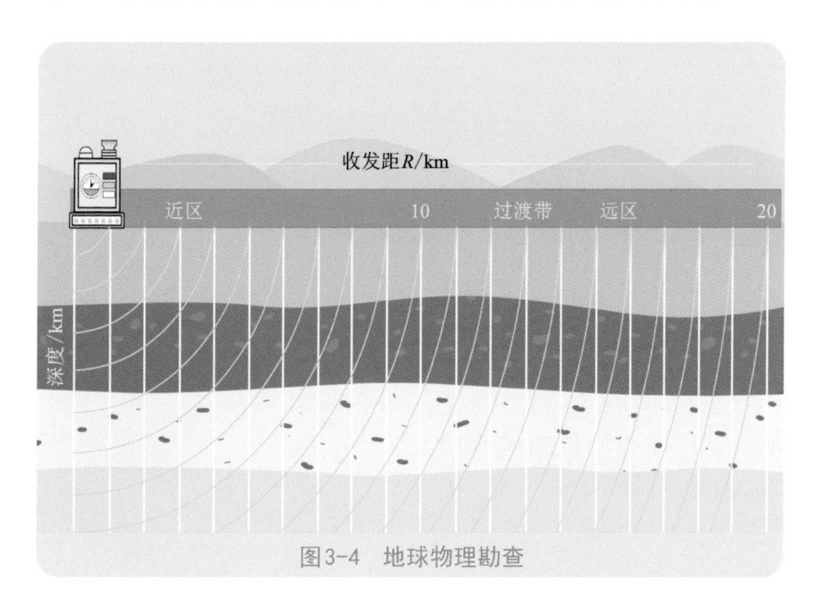

图3-4 地球物理勘查

3.4 地热钻探

地热钻探（图 3-5）是地热能勘查中的重要阶段，通过钻探获取地下热水或热能源，可以取得地下热水或热能储层的各项技术

参数，为开采和开发地下热水热能资源提供直接的勘探成果，这一工作过程类似医生对病人进行手术。

图3-5　地热钻探

地热资源的开发对社会现代化的发展有着至关重要的作用，在地热资源勘查开发过程中，必须做好相关的保护工作，以进一步提高资源综合利用率。以下简单介绍几种目前常见的开发利用形式及资源保护措施。

4.1 开发利用

4.1.1 地热发电

中国地热发电已有50多年历史，我国第一座试验地热发电站是1970年建成的广东丰顺地热发电站(图4-1)，目前还在运行，该地热发电站的建成，使我国成为世界上第8个利用地热发电的国家。1975年建成的著名的西藏羊八井高温地热发电站(图4-2)，几经扩建已成为我国地热发电量最大的地热发电站。截至2020年，我国地热发电装机容量为52.4 MW，距离世界上地热发电装机容量排名靠前的国家还有较大差距。

图4-1　丰顺地热电站

图4-2　羊八井地热电站

4.1.2　地热供暖

地热供暖既能保持室温恒温，又不污染环境，其成本只相当于煤或油锅炉的四分之一。在我国的高寒山区和西北、东北、华北等地区，地热用于供暖，是十分理想的绿色能源。

根据国家地热能中心提供的数据，截至2020年底，我国地热能供暖制冷面积累计达到13.9亿 m^2（图4-3），位居世界第一。每年可替代标煤4100万t，减排二氧化碳1.08亿t。其中，浅层地热源热泵供暖制冷面积已达到约8.58亿 m^2，也是位居世界第一；北方地区中深层地热供暖面积累计约1.52亿 m^2。

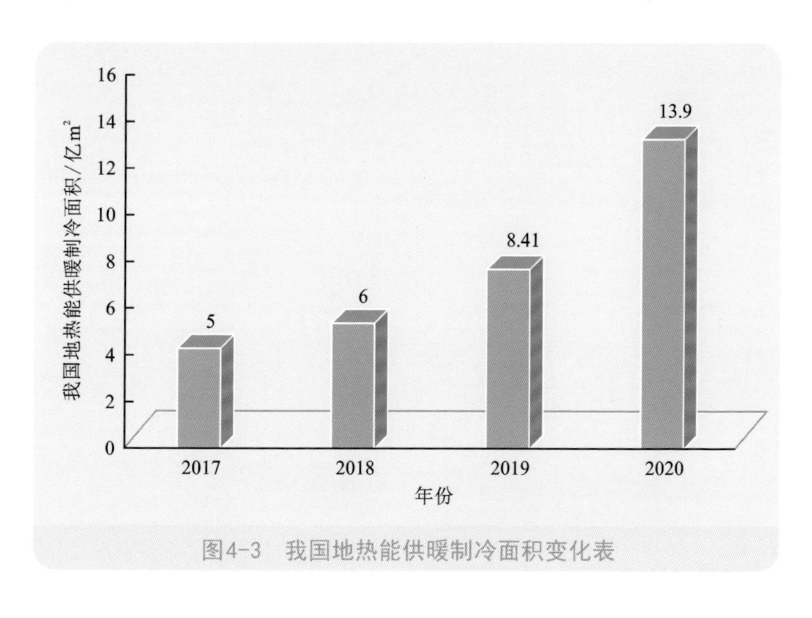

图4-3　我国地热能供暖制冷面积变化表

4.1.3　医疗保健

目前，我国温泉广泛用于医疗洗浴、养生保健等方面（图4-4）。泡温泉作为一种新的休闲方式，深受人们喜爱。温泉中含有丰富的化学成分，有不同的理疗功能，泡温泉能够使人放松身心、消除疲劳、活络筋骨、减轻酸痛，对骨质疏松和血管收缩有一定的治疗效果。泡温泉虽然好处多，但不是人人都适合泡温泉。高血压、心脏病患者需谨慎选择，部分皮肤病患者和体表有伤口未愈合者也不适宜泡温泉。

图4-4 温泉洗浴

4.1.4 温泉旅游

地热是一种宝贵的资源，除了能发电供暖洗浴以外，高温地热发达的地方常常伴有优美的自然地貌景观，如我国吉林省的长白山天池温泉(图 4-5)，是中国最大、最深的火山口湖，有 16 座山峰环绕；湖底涌出的温泉水使天池东北水面长约 300 m、宽

图4-5 长白山天池温泉

40~50 m 范围内湖水的水温被加热至 20~40 ℃。由已集水的火山口湖湖底涌出热水的现象，在世界上实属罕见。

我国利用地热资源开展旅游是比较早的，从 20 世纪 80 年代初期发展到 90 年代末的大规模商业运作，取得了较好的经济效益。近年来，我国温泉企业数量迅速增加，从 2015 年的 2000 家增至 2020 年的 3550 家。我国温泉度假村旅游接待人次从 2015 年的 2.9 亿人次增长到了 2019 年的 8.02 亿人次(图 4-6)，2020—2021 年受到疫情影响，温泉度假村旅游接待人次有所下滑，随着疫情的结束，温泉旅游业已全面复苏，2022 年温泉度假村旅游接待人次已达 8.6 亿人次。

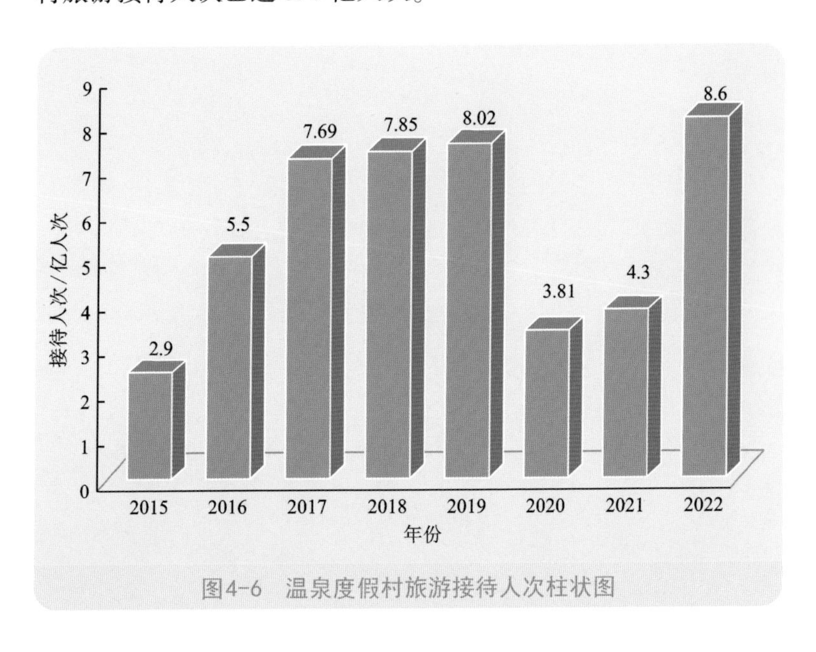

图4-6 温泉度假村旅游接待人次柱状图

4.1.5 工农业方面

在 21 世纪工农业生产和开发进程中，工农业对环境的污染已成为需要重点解决的问题。地热能的利用能有效改善工农业对环境的污染。

(1)地热水在工业中应用很广泛，纺织厂用地热水喷雾，使纺线线条保持湿度而不发生断裂，在印染、缫丝和纺织中保持产品颜色鲜艳，着色率高，手感柔软、富有弹性。在造纸和制革皮件生产中利用地热水能节约软化水的费用，大大降低成本。

(2)地热水在农业中的应用范围更广。利用地热温室种植蔬菜和名贵花卉(图 4-7)，一年四季都能保障百姓的蔬菜供应，改善居民生活，活跃农村经济。在水产养殖业方面，东北地区采用地热水养殖，提高了鱼的繁殖和生长能力，并保证安全越冬。

图4-7　种植花卉的地热温室大棚

4.2　资源保护

地质专家指出，温泉是宝贵的矿产资源，埋藏深，循环一次需要几年甚至上千年，开采后天然降水难以迅速补给，开采过多会造成水位下降、资源枯竭，甚至导致地面沉降等问题

（图 4-8）。适当地进行钻井回灌，能使温泉资源得到持续利用，温泉产业链得到良性发展。我们要在科学的地质调查基础上，采取合理的开发方案，运用相应的成井工艺，促进温泉资源的综合利用，让温泉资源在保护中开发，在开发中保护。

图4-8　地下水位下降导致地面沉降

更多地热小知识请扫码查看
2023年自然资源科普微视频
大赛优秀作品《简说温泉》

参考文献

[1](美)David R Boden. 地热能源的地质基础[M]. 曲海，等译. 北京：石油工业出版社，2021.

[2]汪集旸，孙占学. 神奇的地热[M]. 广州：暨南大学出版社，2001.

[3]汪集旸，等. 地热学及其应用[M]. 北京：科学出版社，2015.

[4]郑克棪. 地热：来自地下的热能[M]. 北京：中国石化出版社，2019.

[5]刘时彬. 地热资源及其开发利用和保护[M]. 北京：化学工业出版社，2005.

[6]温柔，等. 地热发电现状与展望[J]. 西藏科技，2022，355：19-25.

[7]翁史烈. 新能源在召唤系列丛书：话说地热能与可燃冰[M]. 广西：广西教育出版社，2013.

[8]尤伟静，等. 地热资源开发利用过程中的主要环境问题[J]. 安全与环境工程，2013，20(2)：24-28.

[9]龙西亭，等. 湖南省地下热水资源[M]. 武汉：中国地质大学出版社，2019.